教养实战手册

养出自洽、自在、自驱的孩子

THE CHILD CODE
The Practice Manual

[美] 丹妮尔·迪克 博士

最成功的教养，
是让孩子可以有底气成为Ta自己。

The most successful parenting is to
give child the confidence to be herself/himself.

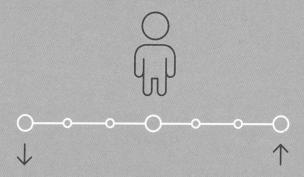

你是否思考过，为什么一种教养方式对你的一个孩子有用，对你其他的孩子却不起作用？为什么对你朋友的孩子有效的教养方式，对你的孩子却无效？

事实上，每个孩子都是不同的，而这些不同都源于他们基因上的差异。基因不仅仅决定孩子瞳孔的颜色，也影响着孩子大脑的连接方式，进而继续影响孩子的自然倾向与行为。因为每个孩子都有不同的性格特点，所以从来都没有一种既定的正确教养方式。不过，通过了解孩子独特的性格倾向，我们可以调整出个性化的教养策略，来最有效地帮助我们独一无二的孩子，让孩子发挥潜力，避免落入潜在的成长陷阱！此外，了解孩子的基因"编码"还能大大缓解焦虑，并减轻所有相关人员养育孩子的压力。现在我们先来弄清楚孩子独特的性格倾向。

这份手册将帮助你了解孩子在三个受遗传因素影响的重要气质特征上的位置，从而明白孩子的差异所在。**这三大气质特征是：外向性（Ex）、情绪性（Em）、自控力（Ef）。**孩子在这三大气质特征上的位置极大地影响着他们的行为，以及孩子对父母教养方式的反应。现在，让我们开始吧！

如何使用这份测试

接下来的几页列出了孩子在各种情境下可能出现的应对方式。针对每个问题，试着想想你的孩子通常的反应是怎样的，根据孩子的年龄段，某些项目可能比其他项目更适用。在每条陈述下面的线上做一个标记，标明该陈述与你孩子情况的一致程度（完全不一致标在最左，完全一致标在最右）。如果你孩子的情况与陈述既不完全一致也不完全相反，那你就标记在中间。尽量用上整条线的范围来标记孩子的情况与该陈述的一致程度。

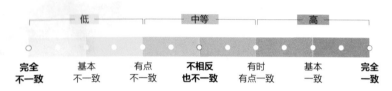

外向性（Ex）

孩子喜欢冒险游戏或活动

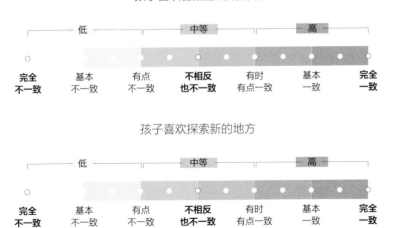

低		中等		高		
完全 不一致	基本 不一致	有点 不一致	不相反 也不一致	有时 有点一致	基本 一致	完全 一致

孩子喜欢探索新的地方

低		中等		高		
完全 不一致	基本 不一致	有点 不一致	不相反 也不一致	有时 有点一致	基本 一致	完全 一致

孩子喜欢结识新朋友

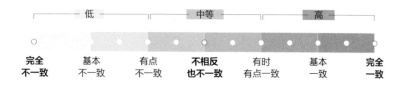

	低		中等		高	
完全 不一致	基本 不一致	有点 不一致	**不相反 也不一致**	有时 有点一致	基本 一致	**完全 一致**

孩子精力充沛

	低		中等		高	
完全 不一致	基本 不一致	有点 不一致	**不相反 也不一致**	有时 有点一致	基本 一致	**完全 一致**

看看上面几个问题的标记多集中于哪一侧。如果标记多集中于右侧，那么你的孩子天性就偏于外向。如果标记多集中于左侧，那么你孩子的外向性就较低。有的孩子在这个维度上落在中间位置，就意味着他们并没有特别外向或特别内向。

以下是关于低外向性的指标：

孩子更喜欢安静的活动（比如阅读）

而非高能耗的活动（比如跑来跑去）

孩子适应新的人或环境需要比较长的时间

回顾一下你对以上关于高外向性、低外向性指标问题的回答。
大部分标记在什么位置？总体来说，你孩子的外向性如何？

高外向性孩子

高外向性孩子天生喜欢结识新朋友，去新地方、尝试新事物。
他们与他人在一起时充满活力，喜欢与陌生人攀谈。他们很健谈，

5

并且会大声表达出自己的想法；他们喜欢告诉你他们一整天的生活和他们脑海中许多的想法。他们喜欢各种各样的活动和人群，并且乐于成为关注的焦点，他们会经常主动寻求他人的关注。

中等外向性孩子

中等外向性孩子兼具一些我们所认为的高外向性和低外向性的性格特征。他们在一定程度上喜欢与他人在一起，并愿意尝试新事物，但他们也享受安静的活动，并且需要一些时间休息给自己充电。如果你的孩子是个中等外向的孩子，你会在他身上同时看到高外向性孩子和低外向性孩子的特点。

低外向性孩子

低外向性孩子更倾向于沉浸在自己的想法、情绪和游戏的内在世界中。他们喜欢独处静思，不需要不停地活动、冒险或社交。实际上，过多的外界刺激可能使内向的孩子感到不知所措。与许多人在一起或者参与过于繁忙的活动后，他们需要安静的时间来给自己充电。低外向性孩子更愿意与少数人待在一起。

外向性不同的孩子需要父母给予不同的东西。在本书中，我将与你探讨如何用有针对性的策略满足不同性格特征孩子的真正需求。

情绪性（Em）

当事情不如愿时，孩子会非常懊恼

	低		中等		高	
○			○			○
完全 不一致	基本 不一致	有点 不一致	**不相反 也不一致**	有时 有点一致	基本 一致	完全 一致

孩子在晚上会害怕怪物或声音

	低		中等		高	
○			○			○
完全 不一致	基本 不一致	有点 不一致	**不相反 也不一致**	有时 有点一致	基本 一致	完全 一致

如果孩子不高兴了，这种不高兴的情绪会持续很久，

比如 10 分钟或更长时间

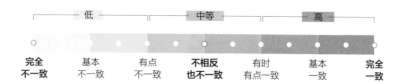

孩子在不高兴或生气时，很难被安抚或转移注意力

看看你的标记，如果在横线的右侧上有很多标记，那么你孩子天生的情绪性就较高。如果大部分标记都在横线的左侧，那么你孩子的情绪性就较低。以下是关于低情绪性的指标：

当事情没有按预期进行时，孩子不会过于沮丧，

而是相当地"顺其自然"

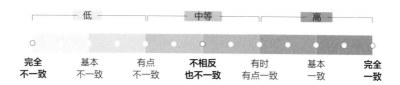

当孩子感到不高兴时，他／她能够很快地恢复过来，开始新的活动

完全
不一致 　　基本
不一致 　　有点
不一致 　　**不相反
也不一致** 　　有时
有点一致 　　基本
一致 　　**完全
一致**

回顾一下你对以上关于高情绪性、低情绪性指标问题的回答。大部分标记在什么位置？总体来说，你的孩子情绪性如何？

低外向性 　　　中等外向性 　　　高外向性

▍**高情绪性孩子**

高情绪性孩子通常更容易感到痛苦、害怕和受挫。他们会因为一些看似微不足道的事情而极度沮丧，他们的情绪化反应往往会使别人觉得他们"反应过度"。养育一个高情绪性孩子势必会面临一些挑战，因为通常的教养技巧对他／她可能不起作用。采用惩戒措施会让本就容易受惊的孩子的行为变得更加糟糕。但不要害怕，本书包含了针对高情绪性孩子的教养策略和技巧。那些强烈的情绪也可以被引导到好的方向！

▍**中等情绪性孩子**

这些孩子的情绪性介于高情绪性和低情绪性之间。大多数孩子的

情绪性水平都属于中等。他们有时会变得很生气，有时候则乐于顺从（或者至少愿意听你的指示而不大发雷霆）。中等情绪性孩子也会心烦意乱，但他们会冷静下来，不会把事情闹大。他们有时也会感到沮丧，但这并不意味着他们经常对轻微的事情反应过度。本书有很多教养策略，有益于促进你想在孩子身上看到的积极行为。

低情绪性孩子

低情绪性孩子更容易顺其自然，他们并不轻易生气，也不会因为计划的微小变动而惊慌失措。他们更容易调整好情绪，在感到不安时也可以很快被安抚下来。使用奖励和惩罚的常规教养策略（我在本书中会更加详细地讨论这个话题）通常就非常有效。事实上，如果你有一个低情绪性孩子，那么当你看到高情绪性孩子情绪激动时，你会好奇他们的父母究竟做错了什么才会让孩子这样激烈地反应。实际上，有的孩子更容易发脾气主要是出于他们天生的情绪倾向。请试着给那些有高情绪性孩子的父母们更多的支持，他们真的非常需要。

孩子的独特气质

Ef

自控力

自控力（Ef）

在被要求停下来时，孩子就可以停止行为

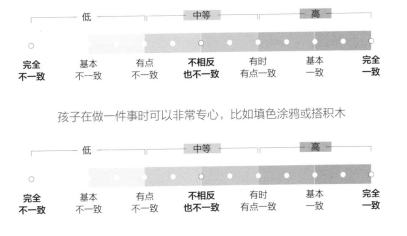

低			中等		高	
完全 **不一致**	基本 不一致	有点 不一致	**不相反** **也不一致**	有时 有点一致	基本 一致	**完全** **一致**

孩子在做一件事时可以非常专心，比如填色涂鸦或搭积木

低			中等		高	
完全 **不一致**	基本 不一致	有点 不一致	**不相反** **也不一致**	有时 有点一致	基本 一致	**完全** **一致**

孩子可以很好地遵守规则

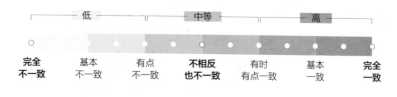

如果被告知有危险，孩子在接近该场合时会非常小心

孩子可以遵守指示，等待奖励

看看你在上述问题上的标记。如果在横线的右侧上有很多标记，就说明你孩子天生的自控力较好。如果大部分标记都在横线的左侧，那就说明你孩子的自控力较弱。以下是提示自控力较弱的指标：

孩子很难坐着不动或者等待排队

孩子会未经思考就仓促地进入一个场合或者加入活动

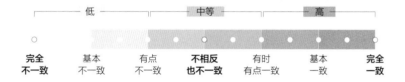

回顾一下你对以上关于较高、较低自控力指标问题的回答。大部分的标记在什么位置？总体来说，你的孩子自控力如何？

低外向性　　　　　　中等外向性　　　　　高外向性

自控力指个体调节行为、情绪和注意力的能力。它受基因影响，在发育早期就表现出差异，但这种能力也具有可塑性。

▌高自控力孩子

高自控力孩子更善于调节自己的行为与情绪。他们很擅长耐心等待，也更善于遵循指示。他们不那么容易分心。随着年龄的增长，他们更善于考虑到自己行为的后果，并做出相应的决定（比如，如果我不知道这只狗狗是否友好，那我就不可以直接摸它。）

▌中等自控力孩子

中等自控力孩子在某些情况下非常擅长调节自己，但在另一些情况下会失控。例如，你说了"不"之后，他们可能不再冲向街道，但他们仍然很难按时起床上学。他们有时能抵制诱惑，但也并不总是如此。

▌低自控力孩子

低自控力孩子更容易冲动和不受控制。他们想要什么就必须立刻得到！他们很难耐心等待轮到自己的时候，也很难保持专注。他们很难完成一些任务，特别是他们认为枯燥无味的任务（例如刷牙或整理玩具）。他们在玩得兴致高昂的时候很难停下来。他们的大脑会更偏向于关注眼前的事物。

请大家记住，大多数孩子都会在自控上十分挣扎。事实上，孩子的大脑仍处于发育阶段，他们大脑中负责做出决策的神经回路直到他们 20 多岁时才会发育完全（教养孩子是一场马拉松，而非短跑冲刺）。在本书中，我将介绍很多教养策略，以帮助孩子发展自控力。

亲子适配性

亲子适配性指孩子与父母之间的匹配度。适配性对于幸福、无压力（或至少是低压力）的家庭生活至关重要。有些父母和孩子很幸运，天生就有着不错的适配性。举个例子，妈妈非常喜欢书籍，而女儿又喜欢别人给她读书。妈妈会带着女儿到图书馆的幼儿阅读区一起选书，一起依偎在阅读角，共度美好的亲子时光。她们也会喜欢一起做拼图游戏或涂色游戏。或者妈妈曾经是学校里的运动明星，喜欢运动，喜欢参加体育比赛，而她女儿也喜欢这些。所以妈妈老早就为女儿报名了体育兴趣班，还会带着全家去看当地的棒球和足球比赛。全家人都非常喜欢与其他球迷一起为心仪的队伍欢呼。

当亲子间天生就有很好的适配性，同时又有良好的环境配合时，孩子就会茁壮成长，而父母通常不会觉察到这背后的原因。教养孩子显得如此"轻松简单"。但是，想象一下，如果一个喜欢安静地泡在图书馆的书迷妈妈有了一个高外向性、低自控力的孩子会发生什么？妈妈会再三尝试给女儿读书，女儿却总是无动于衷，因为女儿根本不想安静地坐着看书。她会从妈妈的腿上跳下来，把棍子当马骑，在房间里飞驰。在图书馆的亲子阅读时光就更让妈妈尴尬了，女儿会一次次地想要站起来在图书馆里跑上两圈，还会把书从书架上拿下来，瞟一眼封面就扔在一边，冲向下一本。随着这种情况一周又一周地发生，妈妈的失望与日俱增，她觉得自己必须不停地管教孩子，哪里还谈得上什么享受亲子时光。

在第二个例子中，请再想象一下，如果一个爱运动的妈妈有一个低外向性的孩子又会发生什么呢？妈妈想带女儿去上体育游戏课，或者一起去为姐姐的足球比赛加油，但是女儿却觉得那么多人、那么喧闹的活动难以忍受。她不断恳求妈妈不要去，如果妈妈仍然坚持，她就会到角落里生闷气，拒绝参加。

在这两种情况下，母亲本来都是好意，想要给孩子提供她们自以为孩子会喜欢的东西，同时也是想与孩子建立亲密连接。但是我们如果足够坦诚，就可以看出，我们为孩子提供的东西往往是我们自己想要的，而且还会很自然地假设孩子会喜欢我们所喜欢的东西。想当然地认为别人（尤其是自己的孩子）的大脑连接方式与我们的一样，是一种天然的预设。毕竟，我们都是带着自己的滤镜来看待这个世界的。

当父母和孩子的天生气质具有与生俱来的适配性时，一切都会顺顺利利。但是，父母和孩子的自然倾向不同，尤其是当父母还没有觉察到这一情况时，就可能导致亲子之间出现越来越多的摩擦，并给每个人都带来很多挫折感。这会对家庭关系造成很大的伤害。在上面两个"不匹配"的例子当中，两位母亲怎么也不明白为什么她们女儿的行为会如此不佳，而自己也陷入了消极、冲突的循环中。没有人愿意在图书馆里被其他父母怒目而视，还得不停地让自己的孩子安静下来，规矩坐下。也没人愿意在体育馆里花大把时间哄着缩在角落里、紧抓门框、眼含热泪的孩子去参加体育游戏课。

这两位母亲需要了解的是，她们为孩子策划的活动只是不适合孩子的性格。理解亲子之间的适配性并不意味着你就得成为孩子性格的奴隶，它只是辅助你做出更好的决定，最终让你们相处得更加幸福、快乐，并帮助你挖掘出孩子的潜力。

在本书中，你将学习更多关于外向性、情绪性、自控力以及亲子适配性方面的知识，这些知识会像一张清晰的教养路线图，助你引导你那个独一无二的小朋友，帮他 / 她能更好地面对这个世界。

重要的是，你将学习如何利用这些知识更有效、压力更小地教养孩子（对不起各位爸爸妈妈，我仍然不能保证你们在教养过程中毫无压力！）。

为什么理解孩子的独特天性如此重要？

育儿之所以如此具有挑战性，是因为你的父母、朋友和儿科医生的善意建议都忽略了影响儿童发展的最大因素之一：基因。

其实，很大程度上，在受孕的那一刻，也就是当母亲的基因第一次遇到父亲的基因，并混合、匹配创造出一个独一无二的人类胚胎时，孩子行为的很大一部分就已经定型了。所有二胎、三胎的父母都知道，每个孩子都是不同的，并且从刚生下来就不一样。当然，孩子也会有很多共同点。婴儿都会睡觉（可能没你想的那么多）、拉"粑粑"（可能比你想的多），还会哭，还会吃。但在此之外，每个孩子出生时就有自己做小孩的一套方式，而且从一开始就有明显的差异。

此外，除了当孩子的父亲或母亲，你还有无数的事情要做，你没有空闲时间去阅读遗传学相关的书籍！

孩子的基因会对他们生活的各个方面产生深远影响。 基因差异使儿童从一落地就对世界的**反应程度**不同（他们对所遇到的事情会有多么沮丧或多么高兴），对反应的**调节方式**也不同。如果他们不爱吃奶油豌豆，他们是会把盘子扔到房间的另一头，还是只在顺从地咽下去时做个鬼脸？如果他们坐婴儿车出去的时候看到了一只可爱的小狗，他们会激动得大叫，非得让你停下来让他们和小狗玩，还是会害怕得一个劲儿地躲？

事实上，研究表明，**很多时候，孩子的个性和行为对父母教养**

方式的影响甚至大于父母的教养方式对孩子的影响！

因此，如果你想影响孩子的生活（想必你希望这么做），你就必须考虑到他们独特的基因构成。

下面我们来简要介绍一下你怎么做到这一点：

孩子的基因——由亲生父母体内随机各一半的基因组合而成的独特混合体——影响着他们大脑的连接方式。

这影响了每个孩子在"三大特征"（外向性、情绪性、自控力）以及其他特质上的自然倾向。但基因的影响并非仅此而已。

这些受基因影响的特质，会进一步影响孩子感知和体验他们所处环境的方式。研究人员将这种受遗传倾向和环境体验的交织关系命名为**基因 - 环境关联影响**。本书会详细介绍这类影响。在这里，我们举一个简单的例子来说明基因 - 环境关联影响是如何发挥作用的，以及它为什么对孩子很重要：

高外向性儿童范例

高外向性儿童（你可以通过本册的测验判断孩子是否属于这一类儿童）天生就倾向于与他人共处，更享受与成年人的交往。这让成年人更愿意冲他们微笑与他们聊天（这一点有实际研究佐证）。这样，这类孩子就会认为成年人非常友好，与他们交流很有趣。

当高外向性儿童开始上学时，他们就更容易与他们的老师打交道，老师们或许会给予他们更多的关注，并让他们坐在班级的前排以敦促他们学习。这样，他们就能顺利成章的在学校取得更好的成绩，从而进入更好的大学，进而获得更高薪的工作。

这一系列的生活事件都源于孩子大脑外向性的连接方式。

低外向性儿童范例

低外向性儿童天生更倾向于独处，不喜欢在繁忙、活跃的环境中生活。这样的孩子可能不太愿意在一个挤满孩子的教室里大声说话。老师可能会误以为他们缺乏活力或智力欠佳，并且不太可能挑选这样的孩子担任班委或参加高级学术活动，因为他们在课堂上的表现并不"突出"。这可能限制了低外向性儿童的发展机会，并导致他们怀疑自己是否和同龄人一样聪明或讨人喜欢。

就这样，孩子的发展可能会进入另一种循环（一种你希望孩子避免出现的情况），而它同样始于孩子大脑的连接方式，心理学家称这种现象为"发展级联效应"——一系列事件的发生都源于孩子天生的气质性格。以上是基因对孩子的生活产生深远影响的方式。

对父母来说，最关键的一点是要意识到：**性格并非命定的！**

通过了解孩子的自然倾向，你可以调整孩子的发展级联的展开方式。

举例来说，如果你是一个高外向性儿童的家长，那么你可以给孩子提供有更多互动机会的成长环境，进一步发展他们的社交技能。如果你的孩子是低外向性儿童，那么如果你将他们常常置于同伴众多的繁忙环境中，就可能让他们不知所措，适得其反——导致他们退缩，降低自尊心并开始怀疑自己为什么不合群。

相反，为低外向性儿童提供更小型的、个体化的社交机会与激励（与密友一起参观艺术博物馆，与你共度一天的园艺美好时光），将有助于低外向性儿童生活愉悦，提高自尊心。温柔而坚定地让他们与其他孩子在安全的环境中接触，帮助他们学习如何更自如地与他人相处。

通过了解孩子的性格，你可以更清楚地知道哪些环境有助于他们进步，哪些环境可以诱惑他们陷入麻烦。基因与环境之间存在着交互作用，这也意味着作为父母，我们可以帮着把孩子的某些遗传倾向"调高"一点或"调低"一点。相信你，能够帮助你的孩子成为最好的自己。

陪孩子学会情绪管理

唉，我们都经历过这样的情况：孩子在商场里大哭大闹要东西；想让孩子帮忙把餐盘拿去厨房，孩子却双手叉腰坚决拒绝；孩子早上磨磨蹭蹭，导致根本没法成功出门。

我们不过是要求孩子做一些简单的事情，为什么他们就是做不到呢？

我们的孩子可能有无数令人沮丧的行为。在本书中，我会花大量篇幅来解读孩子的叛逆行为从何而来，并针对不同类型的孩子采取科学的策略，以帮助孩子学会管理情绪。

以下三个关键步骤可以帮助你入门：

1. 关注积极的一面

想象一下，你的伴侣突然变得喜欢唠叨，指出了你所有需要改进的地方。"亲爱的，动作快点，准备上班了！""亲爱的，刷牙时一定别忘了刷到后面的牙齿。""亲爱的，请把衣服叠得更细致些吧。"

再想象一下，你的老板给了你一张任务清单，上面列出了 20 件你需要立即改进的事情，但当你按时交出高质量的工作成果时，他却什么也没说。

这些情景可能让你感到相当不愉快，但这正是我们对待孩子的方式。我们的出发点是好的，试图以积极的方式塑造他们的行为——就像伴侣或老板所做的那样。但这样完全无效，因为没人喜欢一直被指出自己身上需要改进的地方。需要"改进"的地方太多了，所以一直强调不足只会事与愿违。

你所面临的教养挑战是：在接下来的一天里，尽量只指出孩子的良好行为。

指出孩子做的所有让你欣赏的事情，无论这些事情多么微不足道：

——谢谢你今天早上在我叫你起床的时候听话起床（不要提到他们没有按要求刷牙）；

——你自己穿好了鞋真棒；

——我喜欢你好好用叉子吃晚饭的样子；

——你和弟弟妹妹在车上没有争吵，这真是太棒了。

很多时候，当孩子按照我们的意愿行事时——安静地享用一顿晚餐或安静地坐车，我们会对此视而不见——我们平淡地度过了这一天。但是当他们和自己的兄弟姐妹打架或拒绝穿衣服时，我们总会对此做出反应！

孩子的成长离不开奖励（难道我们不是这样吗？），父母的表扬和关注是一种有效的奖励方式。很多证据表明，对孩子的良好行为给予积极的回应实际上能够激发更多良好行为，减少过激行为。

赶快行动起来，有意识地关注并热情地回应孩子的良好行为吧——哪怕只是他们安安静静、不哭不闹地陪你进行了一次杂货店之旅。

2. 奖励要慷慨，惩罚要慎重

很多时候，父母会搞错奖励和惩罚的比例。我们只关注孩子的叛逆行为，以及如何纠正这些行为。这是可以理解的：这些是让我们最抓狂的部分！

但是，我们可能在不经意间已经成了那种自己最不愿意为之工作的老板。

很多时候，我们在教养孩子时默认的条件反射是用惩罚来敦促孩子守规矩。孩子要么停止这种行为，要么就受罚。如果孩子继续做出不当行为，我们就会加倍惩罚他们，认为加重惩罚会给孩子提供更多改善行为的动力。但是，有很多证据表明，这样做是行不通的。

在本书中，我们将讨论如何正确使用奖励和惩罚——也就是能让你的孩子真正规范行为的方法！以下是一份笔记，供你参考：

■ 有效调整造孩子行为的方法

· 关注良好行为

· 忽略不当行为

· 每次只关注少数的几种行为

· 对小的进行也予以奖励

· 奖励应该：

　　——热情（想一想啦啦队长）；

　　——具体（把好的行为指出来）；

　　——及时（孩子做出良好行为时立即奖励他们）；

　　——一贯（孩子每次做出良好行为时都奖励他们）。

· 惩罚应该：

    ——只有在无法忽视时才使用；

    ——及时且一贯；

    ——少即是多（孩子几乎永远不会"罪有应得"）；

    ——只在冷静时实施。

3. 与孩子一起解决问题

作为父母，我们常常觉得孩子的行为都是我们一手造成的。我有一些好消息和坏消息要告诉你。

首先是坏消息：如果你曾经试过把一个扭动不停的小宝宝扣到儿童汽车座椅上，你就会意识到，强行让任何人顺己意去做任何事情都很困难——不管那人的个头是大还是小！

对孩子的行为影响最大的人是……**孩子自己**。

所以，好消息是：这可以减轻你的压力！因为，这意味着你并不是孩子行为的唯一责任人。

很多时候，我们会把自己的想法强加在孩子身上，让他做符合我们意愿的事，如果你的孩子是高情绪性儿童，天生更容易感到苦恼和沮丧，那么想象一下别人不断把自己的意愿强加给他，他会是什么样的感受呢——当然是感到更受挫！这就形成了一个负反馈循环。孩子很容易生气，而父母强加惩罚会使孩子更生气——接下来，我们会发现每个人都被激怒了，孩子的行为却丝毫没有改善！

打破这个循环的方法是**与孩子共同面对，而非独自解决问题。**

与孩子一起讨论他们的叛逆行为（问他们为什么打兄弟姐妹、拒绝刷牙或扔玩具），找出诱发叛逆行为的原因。本书对此有更详细的论述。常见的诱因包括：

——在压力下完成任务（30 分钟内必须出门上学）；

——事情不如预期时（尤其是对高情绪性儿童来说）；

——被人或活动压得喘不过气（尤其是对低外向性儿童来说）；

——完成无聊的任务（尤其是对低自控力儿童来说）。

当你与孩子一起解决问题时，你和孩子都会产生如何让事情变得更好的想法，然后得出一个适合你们双方的解决方案。

在你们尝试的过程中，可能会有失误，但只要你坚定的和孩子站在一起，对朝着正确方向上迈进的每一小步进行奖励，你的孩子会产生你所希望看到的改变！

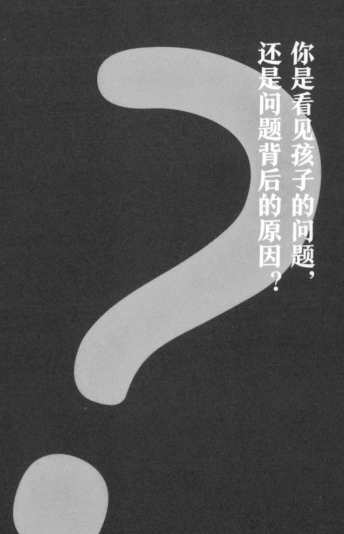

你是看见孩子的问题，还是问题背后的原因？